NOUVELLE

THÉORIE CHIMIQUE DU FUMIER

ET EXPOSÉ DE SES CONSÉQUENCES

POUR LA

PRODUCTION INDUSTRIELLE D'ENGRAIS COMPLETS

ET DE SUBSTANCES ANALOGUES

à celles que l'on extrait des végétaux et des animaux,

PAR

FOURNEL,

INGÉNIEUR CIVIL, A NANCY.

Prix : 1 fr. 50 c.

PARIS,

LIBRAIRIE SCIENTIFIQUE, INDUSTRIELLE ET AGRICOLE,

E. LACROIX,

Libraire de la Société des Ingénieurs civils,

QUAI MALAQUAIS, 15.

NANCY,

CHEZ L'AUTEUR, RUE DU FAUBOURG SAINT-PIERRE, 57.

1868.

AVANT-PROPOS.

La théorie que je vais émettre se rattache à la solution d'un problème important :

SÉPARER LES ÉLÉMENTS DE L'AIR, DE L'EAU ET DES MATIÈRES TERREUSES, ET EN FORMER DES COMBINAISONS LES PLUS VARIÉES, SOLUBLES OU INSOLUBLES.

Des modifications de ce genre se produisent lentement par les lois naturelles et encore inconnues de la nutrition des végétaux et des animaux. L'explication que je m'en suis faite me permet d'arriver à reproduire chimiquement les mêmes effets avec une puissance et une activité que ne peut donner la température atmosphérique, fût-elle même tropicale, sous l'influence de laquelle la vie organique se développe.

Le chimiste, dans son laboratoire, détruit les corps pour connaître les éléments qui les constituent, afin d'étendre ainsi le cercle de nos connaissances scientifiques. Mon but est : — non pas seulement de faire de la science pure ou des recherches de laboratoire; mais de la chimie appliquée; — non pas de détruire; mais de constituer, avec des éléments qui, pour ainsi dire, ne coûtent rien, des produits utiles aux besoins de l'homme.

Je ne suis point assez connu pour qu'une théorie de ma part ne risque d'être reléguée au rang des hypothèses; je ne suis ni académicien, ni professeur plus ou moins éminent de sciences acquises.

Il me faut cependant me présenter :

Je ne suis qu'un étudiant — plus qu'adulte — de l'école de l'inconnu, dont tout homme de progrès peut, comme moi, suivre les cours et partir à la découverte de quelque région nouvelle, sous l'égide de la raison.

Ce titre suffit-il, dans le siècle où nous sommes, pour être bien accueilli et écouté?

Je dois dire aussi que je ne suis point resté étranger à la pratique industrielle. C'est elle surtout qui m'a conduit aux applications que j'ai à proposer aujourd'hui.

Je me suis notamment occupé de la métallurgie de la fonte et du fer, et j'ai été à même de voir de près combien cette industrie de première importance a encore de chemin à faire pour arriver à la perfection; combien on gaspille en pure perte un combustible précieux, — et par le mode d'emploi à l'état solide, au lieu de le convertir et de l'employer sous forme de gaz, — et par l'opération barbare et primitive de la carbonisation, qui fait dégager en pure perte, dans l'atmosphère et sous forme de fumée, le tiers et quelquefois moitié de la valeur d'un combustible si coûteux à extraire des entrailles de la terre, si c'est de la houille; et si lent à croître, si c'est du bois.

Avec le désir de porter remède à cet état anormal et préjudiciable à l'industrie du fer comme à l'intérêt général, j'ai imaginé un procédé de fabrication directe de l'acier et du fer sans passer par la production intermédiaire de la fonte, en se servant en outre du combustible naturel converti en gaz, c'est-à-dire en évitant la carbonisation [1]; mais la situation générale des usines métallurgiques étant devenue mauvaise au point d'alarmer les capitalistes sur l'avenir de cette industrie en France, je n'ai pu constituer jusqu'à présent la Société que je projetais pour l'exploitation de mon nouveau procédé. Cependant, les avantages ne peuvent en être démontrés avec les appareils ordinaires du chimiste; lesquels, on le voit encore, ne suffisent pas toujours lorsqu'il s'agit de fabriquer, puisque, dans le cas dont il s'agit, il est indispensable d'avoir à sa disposition des appareils d'une capacité et d'une hauteur suffisantes pour que la désoxydation du minerai s'opère avec lenteur et gradation sur des quantités assez importantes.

On pourrait donc être étonné de me voir maintenant traiter un sujet différent; mais, précisément, comme je l'ai dit, je me suis trouvé entraîné à m'en occuper par un travail relatif à la métallurgie. En effet, en attendant que les circonstances me permissent de mettre ma méthode en pratique, je restais préoccupé d'un moyen de la rendre plus complète encore par la possibilité d'obtenir économiquement de l'oxygène et de l'hydrogène par la séparation des éléments de l'air et de l'eau, afin de produire, à l'aide de ces agents, les hautes températures indispensables pour arriver à la fusion du fer et de l'acier; températures qui ne peuvent s'obtenir que plus difficilement par l'action de l'air, à raison de ce

[1] On peut trouver des détails sur ce procédé, notamment dans les *Annales du Génie civil*, livraison de novembre 1867.

que cet agent comburant contient en volume 79 pour 100 d'azote, gaz qui atténue l'énergie de l'oxygène et qui s'échauffe aussi aux dépens du calorique produit.

Il me semblait que, sous l'influence des fonctions vitales, des décompositions de ce genre s'opéraient; mais, dès mes premières recherches, je me suis senti arrêter par le défaut d'explications relatives à la chimie organique.

Ne désespérant pas, cependant, de trouver le mot de l'énigme, j'ai dû chercher à approfondir certains phénomènes encore obscurs ou incomplètement définis. Enfin, la solution trouvée m'a permis de relier mes idées à d'autres branches de production, notamment à l'agriculture.

Il serait plus que superflu d'insister sur l'importance de la question agricole; c'est la première de toutes : elle est du domaine de l'économie politique. Il ne suffit pas, pour la richesse d'un pays, que ses usines fabriquent à bas prix, le fer, actif instrument du travail : il faut, avant tout, qu'il sache produire abondamment sa nourriture, sous peine de laisser indéfiniment — et malgré tous les efforts louables que l'on puisse faire, — une partie de son peuple inaccessible aux progrès intellectuels.

L'Angleterre accapare à grands frais, de tous les coins du globe, les matières reconnues jusqu'à présent comme propres à féconder le sol. L'Allemagne marche à grands pas dans la voie d'une pratique qui cherche à s'éclairer par la science : stimulée par les doctrines d'un de ses plus éminents chimistes, dont la réputation est universelle, l'agriculture est devenue plus raisonnée et plus progressive. Cependant, que l'on soit théoricien ou praticien, on est bien obligé de reconnaître que le dernier mot n'est pas encore dit.

Pourquoi donc ne le chercherait-on pas en France?

En théorie, on en est encore à trouver une véritable et satisfaisante définition chimique du fumier.

En pratique, on me paraît être encore dans la période des tâtonnements pour l'emploi des engrais artificiels complets et surtout économiques.

Quoique je ne sois pas d'accord avec la théorie de l'*humus* donnée par M. de Liebig, on me permettra bien, je l'espère, d'émettre mes idées, en manifestant d'ailleurs ici, l'admiration que je professe pour le vaste savoir et les éloquentes pensées du célèbre chimiste allemand. Mais de moins savants que Newton ont aussi prouvé que ce grand génie s'est quelquefois trompé.

Je n'ai certainement pas l'intention de m'ériger en arbitre, ni de provoquer la critique de systèmes préconisés avec plus ou moins de raison par des hommes éminents d'ailleurs. Je ne suis pas partisan des explications passionnées, qui me paraissent mal servir la cause qu'elles représentent. C'est, en définitive, au praticien à juger si les conseils qui lui sont donnés répondent à ses besoins et s'ils doivent être suivis.

Le juge scrute les faits avec calme et ne doit pas plus se laisser influencer par la vivacité d'une polémique que par le prestige de l'éloquence ou par l'aplomb de l'emphase.

Je ne chercherai pas à exposer moi-même les avantages qui doivent découler de l'application de ma méthode : je risquerais d'avoir l'air d'un charlatan, tant les résultats en paraîtraient extraordinaires; aussi, je préfère terminer ces considérations générales et préliminaires par quelques citations d'auteurs qui se sont spécialement occupés de l'agriculture ou de la question des subsistances.

Dès 1844, M. Dumas, l'éminent chimiste, disait [1] :
« La chimie est assez avancée pour que le problème » de la production d'un engrais azoté, purement chi- » mique, ne puisse tarder à être résolu. »

En 1858, M. Rohart, dans un intéressant ouvrage [2], a développé la même idée de la manière suivante :

« La chimie nous donnera certainement, dans un » avenir prochain, la solution radicale du problème le » plus important que nous puissions résoudre. Nous » voulons parler de la fabrication de l'ammoniaque par » l'azote de l'air, de l'ammoniaque, c'est-à-dire de » l'agent nutritif et fertilisateur par excellence, de celui » qui coûte le plus cher à obtenir, et dont la présence » dans les engrais constitue la plus grande valeur agri- » cole de ceux-ci. Donc, fabriquer économiquement, » au moyen de l'azote de l'air, qui ne coûte rien, de » l'ammoniaque, dont la valeur agricole est si considé- » rable, ce serait doter l'humanité du plus grand de » tous les bienfaits qu'elle puisse attendre de la science » moderne, puisqu'un kilogramme d'ammoniaque équi- » vaut à 33 kilogr. de froment ou 35 kilogr. de foin... »

Malgré ces présomptions, l'X est toujours resté à l'état d'inconnu, puisque je retrouve, en 1866, la même pensée exprimée de nouveau par M. Rohart [3] :

« L'agriculture de l'avenir devra attendre beaucoup » d'une découverte entrevue il y a près de quinze ans... » Nous voulons parler de l'exploitation de l'atmosphère, » comme réservoir inépuisable d'azote. Au point de vue » utilitaire, c'est la plus grande idée que l'on ait pu » concevoir...

[1] *Statique chimique des êtres organisés.*
[2] *Guide de la fabrication économique des engrais.*
[3] *Journal de l'Agriculture*, 5 décembre 1866.

» Nul doute que, dans un avenir plus ou moins rap-» proché, le problème ne soit résolu économiquement. » La chimie, parvenue déjà à produire de toutes pièces » des matières organiques, ne peut manquer de doter » l'agriculture et le monde entier de cet immense bien-» fait. Heureux ceux qui verront et sauront apprécier » toute l'importance d'une pareille découverte ! »

Or, je tiens positivement cette solution, regardée comme possible sans être trouvée, — car il ne suffit pas de poser les problèmes, — et, non-seulement je puis fixer et rendre assimilable l'azote, mais je vais beaucoup plus loin, puisque je fixe de la même manière le carbone, ce qui, certainement, a une importance *au moins* égale.

Sous le rapport des substances minérales, des agriculteurs éminents ont également pressenti qu'en dehors des phosphates de chaux, que l'on exploite ou que l'on recueille à grands frais, et quelquefois, a-t-on dit, sans respect de l'origine; on peut se pourvoir avec beaucoup moins de difficulté. Ainsi, M. A. Boitel, inspecteur général de l'agriculture, s'est exprimé ainsi dans un rapport à la Société d'encouragement pour l'industrie nationale [1] :

« M. de Liebig, quand il reproche aux Anglais leur » agriculture de vampire, parce qu'elle dévore, sous » forme de guanos et d'os, les phosphates de l'ancien » et du nouveau monde, me semble avoir quelque peu » exagéré les conséquences de l'épuisement du sol en » ce qui concerne les substances minérales propres à » l'alimentation des plantes. N'oublions pas que la » mince couche du sol recouvre souvent de puissantes

[1] Voir *Journal de l'Agriculture*, 20 décembre 1866.

» formations où sont emmagasinés quelques-uns des » éléments constitutifs de la fertilité du sol. Ce sont là » des mines fécondes qui, en dehors des marnes et » des nodules de phosphates de chaux, ont été peu » exploitées jusqu'à présent, mais qui ne tarderont pas » à l'être davantage, à mesure qu'elles seront mieux » connues et qu'on appréciera à leur juste valeur les » ressources importantes que ces matières minérales » peuvent offrir pour le maintien et l'augmentation de » la fertilité du sol. »

La solution agricole que je poursuis touche immédiatement à la production des subsistances par l'effet de la nutrition végétale, laquelle se relie successivement à celle de l'animal, puis à celle de l'homme, qui se nourrit des uns et des autres. Au sujet des avantages qui doivent en résulter, je citerai seulement, comme ayant du rapport avec les applications que je propose, l'opinion exprimée par M. Payen dans la préface d'un savant ouvrage [1] :

« L'étude des phénomènes de la nutrition est, sans » contredit, l'une des plus importantes dont puissent » s'occuper les hommes de science et les gens du » monde. Elle réclame les secours de la physiologie, » de la médecine et de la chimie ; elle intéresse au » plus haut point l'agriculture et l'économie politique. » Les gouvernements, avec une sollicitude constante, » suivent ses progrès, car elle conduit à réaliser les » conditions principales de l'hygiène publique ; elle » tend à augmenter la durée moyenne de la vie, en » élevant par degrés le bien-être et la force des populations. »

[1] *Précis théorique et pratique des substances alimentaires*, 1865.

Toutes les idées que je viens de citer sont fort judicieuses, mais il restait néanmoins à les coordonner, au point de vue utilitaire, à l'aide d'une théorie méthodique embrassant l'ensemble des phénomènes de la formation des engrais et des principes de la nutrition.

Un professeur éminent, M. Berthelot, actif et hardi promoteur d'une science qui débute lentement et à tâtons, — la synthèse chimique, — s'exprime ainsi [1] :

« Toute vérité est féconde, tout développement des » notions générales enfante une infinité de consé- » quences dans les diverses sciences théoriques et » dans les applications. »

Et, dans un autre intéressant ouvrage [2] :

« Tout phénomène représente, pour ainsi dire, un » anneau compris dans une chaîne plus étendue de » corps. Dès lors, on ne saurait le réaliser individuel- » lement, à moins d'être devenu maître de la série des » effets et des causes dont il représente une manifesta- » tion particulière; mais, par là même, chaque solution » acquiert un caractère de fécondité extraordinaire.

» Voilà comment nous saisissons le sens et le jeu des » forces éternelles et immuables qui président, dans la » nature, aux métamorphoses de la matière, et comme » nous arrivons à les faire agir à notre gré dans nos » laboratoires [3]... »

On verra, en effet, les conséquences importantes qui découlent de ma théorie du fumier, autrement dit, de la nourriture végétale.

Enfin, je me suis trouvé entraîné à toucher à la

[1] *Leçons sur les méthodes générales de synthèse en chimie organique*, 1864.

[2] *Chimie organique fondée sur la synthèse*, 1860.

[3] J'ajoute : et dans nos usines.

science de la vie au point de vue chimique. Ce problème ardu, que ni l'anatomie, ni la micrographie n'ont pu résoudre, paraît moins inextricable à mesure que de nouveaux faits sont expliqués. La chimie, malgré ses progrès journaliers, est encore loin d'avoir atteint le développement, la force et l'autorité qu'il lui est donné d'acquérir. On pourra remarquer, par les explications que je fournirai, que c'est surtout cette science qui aura le pouvoir de trancher nettement la question si controversée de la génération spontanée.

Les investigations éclairées et persévérantes de la science finiront par aller loin dans l'histoire de la création......

Admirons les lois de Dieu, et remercions-le, avec toute l'ardeur de notre intelligence, d'avoir donné à l'homme la faculté de les entrevoir!

EXPOSÉ GÉNÉRAL.

> « La chimie est la base de l'agriculture ; si l'on ne sait se rendre compte des parties constituantes du sol, si l'on ignore comment les végétaux se nourrissent, il ne faut pas songer à établir jamais l'agriculture sur une base scientifique. »
>
> J. DE LIEBIG, *Lettres sur la chimie.*

I.

Avant de développer ma théorie sur la nature chimique du fumier d'étable, il n'est pas hors de propos d'entrer dans quelques considérations sur sa valeur agricole, comparativement à celle des engrais de commerce, ainsi que sur l'insuffisance évidente des éléments qui le constituent.

Le fumier d'étable doit être considéré comme supérieur aux autres engrais, parce que, non-seulement sa composition réunit, à un plus haut degré que dans tout autre, tous les éléments nécessaires à la nourriture des plantes, mais aussi parce qu'il les contient dans un état qui se prête à l'assimilation végétale en même temps qu'à une certaine résistance à l'action dissolvante et entraînante des eaux de pluie.

Mais on peut encore avancer hardiment que, en ce qui concerne surtout les matières minérales : soufre, phosphore, potasse, etc., sa valeur fertilisante n'est jamais dans le rapport le plus convenable avec la constitution normale de la plante qu'il doit nourrir.

La cause en peut être expliquée par l'acte de la nutrition animale, qui développe les êtres dans lesquels l'état solide prédomine, à raison surtout de la formation des os, des muscles, etc., de sorte que les éléments terreux du végétal qui a servi de nourriture ont été relativement absorbés en proportion plus grande que les éléments de nature liquide ou gazeuse à l'état isolé. En d'autres termes, il est évident que le végétal dont une partie des éléments a constitué l'animal ne peut reproduire un nouveau végétal, et l'adjonction de la paille des litières, moins riche en matières minérales que la nourriture absorbée, ne compense pas la perte résultant de la nutrition.

En envisageant encore ces considérations d'une manière plus générale, on conçoit que les éléments minéraux, concentrés dans la chair de l'animal qui sert de nourriture à l'homme, ne sont pas restitués au sol, lequel, par ces motifs, se débilite ainsi progressivement.

En définitive, la vie organique, végétale et animale, élabore lentement, avec effort, la nourriture de l'homme, qui est constitué et qui vit ainsi indirectement aux dépens du sol, dans lequel il puise sans cesse, en ne lui restituant qu'une partie de ce qu'il lui prend. Il est donc évident que, dans de semblables conditions, le trésor naturel doit finir par s'épuiser, et que, considéré dans son ensemble et malgré la lutte constante des progrès intellectuels, qui ne sont pas encore suffisamment éclairés, au point de vue scientifique, pour commander à la matière; la production de la nourriture humaine pèche par la base.

Les conséquences qui en résultent peuvent passer inaperçues dans la vie d'une ou de plusieurs générations, ou sont même, par ignorance, considérées comme une loi fatale à laquelle est indéfiniment vouée l'humanité. C'est l'histoire mathématique de la misère, de la famine et même de la décadence dans la vie des peuples.

Le plus ou le moins d'abondance des récoltes, par suite des influences atmosphériques, réagit d'une manière sensible sur le bien-être ou sur la pauvreté des nations : l'enrichissement ou l'appauvrissement du sol doit causer des effets du même ordre.

Or, il est certain que le sol s'épuise et dégénère. Il est bien reconnu que, par suite de l'insuffisance des éléments constitutifs de l'engrais, le végétal cherche à se procurer dans le sol les éléments qui manquent au fumier, de sorte que le terrain va s'appauvrissant graduellement sous ce rapport, jusqu'à ce qu'enfin la plante s'étiole, ou contracte une maladie ; — comme cela arrive pour la vigne, puisque cette plante reste fixée dans le même terrain ; — pour la pomme de terre, qui a essentiellement besoin de matières minérales qu'elle ne trouve plus dans le sol en proportion suffisante ; — pour la betterave, dans les contrées où on la cultive depuis longtemps dans le but d'alimenter la fabrication du sucre.

Il en est de même pour les plantes légumineuses cultivées pour l'alimentation directe de l'homme, lesquelles, ainsi que j'ai eu occasion de l'observer, subissent des altérations particulières lorsqu'elles sont successivement cultivées dans le même terrain.

C'est certainement à l'appauvrissement du sol en matières minérales que l'on doit attribuer la maladie de la canne à sucre, dont on se plaint depuis plusieurs années aux îles Maurice et de la Réunion.

Pour remédier aux graves inconvénients que je viens de signaler, le cultivateur a senti la nécessité d'alterner les cultures des plantes dans le même sol, puisque chaque plante a une affinité spéciale pour telles ou telles matières minérales ; mais, en définitive, cette manière de procéder n'est qu'un remède empirique : elle atténue le mal, mais ne le guérit pas, car, placée dans ces conditions, l'espèce a toujours des tendances à dégénérer à la longue.

C'est aussi cet épuisement du sol qui a rendu nécessaire la pratique si vicieuse de la jachère. Un mal en provoque un autre.

C'est encore l'insuffisance des matières minérales, relativement aux autres éléments nutritifs du fumier, qui est souvent la cause de la *verse* des blés et d'autres céréales à haute tige. Si les pluies abondantes contribuent à produire cet effet, en rendant les tiges trop aqueuses, il n'en est pas moins vrai que, si les matières terreuses assimilables ou de nature à être rendues solubles, étaient suffisantes dans le sol, elles seraient absorbées en même temps que l'eau. Ne pourrait-on pas dire qu'à défaut de ces éléments, les végétaux acquièrent alors une constitution lymphatique ?

Enfin, comme je l'ai déjà observé, je suis persuadé que cette absence de terres essentielles à la constitution-type de la plante finit par avoir des inconvénients graves pour l'alimentation animale, puisque les animaux se nourrissent des végétaux et qu'ils ont besoin, pour se maintenir à l'état normal de santé, des mêmes éléments minéraux que les plantes.

C'est ainsi, par exemple, que la maladie des vers à soie me paraît devoir être traitée par une amélioration dans la nourriture du mûrier.

Les végétaux, comme les animaux, — je pourrais dire comme l'homme, — ont besoin d'une nourriture composée d'éléments variés, qui a la propriété de mieux neutraliser leurs principes constituants et laissent ainsi moins de prise aux maladies. Les maladies résultent donc le plus souvent des anomalies causées par l'absence de quelques éléments minéraux nécessaires à l'organisme.

Sans doute, et l'on n'en a autour de nous que trop d'exemples, l'homme peut vivre de pain noir et dur, de pommes de terre et de lard, arrosés d'eau ou d'un vin aigrelet; mais il n'en est pas moins vrai qu'une nourriture plus substantielle, plus variée, à laquelle se joint, en proportion quelquefois infinitésimale, la plupart, — je dirai plus, — tous les éléments minéraux, sous forme d'assaisonnements, de condiments, etc., influe d'une manière favorable sur son état normal de santé et le prévient contre l'invasion des vers intestinaux ou des infiniment petits, parasites de l'organisme, qui sont à la chair ce que les champignons plus ou moins microscopiques sont à la plante.

On me demandera si je prétends que l'on doive servir au végétal ou à l'animal des assaisonnements et des entremets. Je réponds qu'un engrais bien entendu doit contenir tout cela, et que le végétal qui se les assimilera les reportera à l'animal. Si je dis que c'est ainsi que l'on contribuera à éviter le typhus des bestiaux, la proposition paraîtra certainement étrange à beaucoup de personnes. Cependant, que l'on y réfléchisse bien. Je suis persuadé que l'hygiène *préventive* des maladies est essentiellement là, car les animaux doivent être moins exposés aux dérangements que l'homme : — ils commettent moins d'excès.

J'insiste donc sur ce sujet important, et je fais remarquer que le typhus contagieux qui a causé récemment encore tant de ravages, a pris naissance chez les animaux qui se nourrissent dans les steppes immenses et arides de la Hongrie et de la Russie. Or, les principes minéraux-nutritifs des herbages qui croissent dans de semblables conditions sont évidemment épuisés en partie et ne sont jamais remplacés. Sous l'influence de cette nourriture rendue plus ou moins insuffisante, suivant les circonstances atmosphériques qui ont concouru à la végétation, le sang devient acide, les animalcules se développent spontanément dans ce milieu qui leur est favorable, et ils pullulent au point d'altérer les fonctions vitales. Ils se retrouvent même jusque dans les gaz particuliers émanés de la respiration, circonstance qui contribue à propager la maladie, si les sujets sains sont exposés à respirer de l'air contenant ces organismes perturbateurs, quoiqu'invisibles à l'œil.

Je pourrais en dire autant de la maladie connue sous le nom de pourriture des bêtes à laine et de quelques autres épizooties.

Répétons-le donc, l'animal, comme le végétal, a essentiellement besoin d'une nourriture complète.

Le type de la nourriture de la plante n'est pas ce que beaucoup de personnes pensent : cette matière infecte, que représente le fumier en décomposition ou plutôt en voie de combinaison lente. Si l'on manipule un fumier dans cet état pour en opérer le transport, l'odeur désagréable est fournie par des éléments fort essentiels qui se dégagent ; ce sont notamment les acides sulfhydrique et phosphydrique. On sait que celui-là prédomine dans l'odeur des œufs pourris, et que celle du poisson en putréfaction est causée par un dégagement d'acide phosphydrique. Mais, lorsque les éléments acides qui se produisent sont combinés avec les principes alcalins, que le fumier est devenu homogène et forme un composé de consistance pâteuse qui a été désigné sous le nom de *beurre noir*, cet engrais n'a plus rien de repoussant, ni en aspect, ni en odeur : — je m'en suis assuré.

Les changements qui se sont opérés représentent, en quelque sorte, l'opposé de ce qui se passe par l'effet de la fermentation putride. Dans la formation du fumier, des éléments infects produisent un composé neutre et inodore, quoique peu stable. Dans la fermentation putride, au contraire, le composé devient infect en cessant de devenir neutre par suite du dégagement d'éléments qui le saturaient; séparation qui se produit sous l'influence d'agents extérieurs dont l'action n'est plus combattue par les absorptions vitales.

Je ferai ici l'observation qu'il me paraîtrait plus régulier d'adopter la dénomination de *fumier*, seulement pour le mélange de matières végétales et animales en voie de fermentation, et celle d'*engrais* pour le produit inodore et saturé qui en résulte.

A cause de l'idée généralement désagréable que beaucoup de personnes se font sur cette matière, d'après une impression superficielle, et quoique le fumier soit l'aliment actuel des blés de nos champs comme des fleurs de nos jardins, j'aurais voulu choisir pour mon travail un titre plus attrayant; mais dans l'état actuel de la langue française, je n'en ai pas trouvé de plus exact. Le mot *engrais* n'aurait pas atteint le but, car il est également employé pour des substances factices que je n'ai pas à examiner.

J'ai donc dû abandonner l'attrait, puisqu'il eût été trompeur.

Pour résumer, je dis donc : le fumier-type doit fournir à la plante, avec l'eau de pluie ou d'arrosage, tous les éléments nutritifs propres à être absorbés par les racines, de manière à ce qu'elle n'enlève *aucun* élément au sol. L'emploi d'un tel engrais peut donc permettre de cultiver indéfiniment et sans jachère la même plante dans le même terrain.

Si, comme nous venons de le voir, le fumier d'étable ne réunit pas ces qualités au complet, il n'en est pas moins vrai que, dans l'état actuel de la science agricole, il est supérieur aux engrais du commerce, tels que les guanos, poudrettes, sels ammoniacaux, etc. Dans ceux-ci, au contraire, les éléments minéraux prédominent généralement, et c'est alors un autre élément, non-seulement fort essentiel, mais indispensable : le *carbone soluble*, qui fait défaut.

Ces engrais ont donc encore, à un plus haut degré que le fumier d'étable, des défauts d'insuffisance.

Un autre inconvénient inhérent à la nature de la plupart des engrais du commerce et des sels minéraux solubles, lors même qu'ils seraient mélangés au fumier, c'est de se dissoudre dans l'eau avec une trop grande facilité, de sorte que les pluies prolongées peuvent les entraîner en pure perte, tandis que la sécheresse les laisse complètement inactifs.

Toutefois, malgré leur nature incomplète et leur prix élevé, je me garde bien de nier les services qu'ils rendent à l'agriculture, — à l'agriculture, qui a tant besoin d'engrais et qui manque de fumier!

Mais il n'en est pas moins vrai qu'un vice radical est inhérent à la pratique agricole et arrête son développement. Le nœud gordien du malaise de l'agriculture, au sujet duquel on a fait de nombreuses enquêtes qui n'ont pas, que je sache, abouti, consiste surtout, j'en ai la conviction, dans le manque de nourriture rationnelle, variée et économique, pour les végétaux; c'est-à-dire d'engrais non pas seulement équivalents, mais supérieurs au fumier naturel. Pour suppléer à cette pénurie, on s'efforce de recommander avant tout au cultivateur le principe de la nourriture du bétail; mais ce remède ne paraît-il pas tourner dans un cercle vicieux et devoir toujours demeurer impuissant, puisque — sans même parler de la nature incomplète du fumier — pour produire abondamment la nourriture du bétail, il faut aussi de l'engrais?

II.

Il ne me paraît pas nécessaire de détailler ici les analyses des fumiers, faites par un certain nombre d'éminents chimistes qui se sont spécialement occupés de la question agricole.

Il suffit d'en résumer les éléments principaux et de dire que l'on admet que le fumier complètement formé, c'est-à-dire passé à l'état de *beurre noir*, contient une forte proportion d'humidité (70 à 75 pour 100), de l'humus ou carbone soluble, des sels ammoniacaux considérés comme véhicules de l'azote, et une petite proportion de sels minéraux (6 à 8 pour 100 en moyenne) représentant les résidus ou cendres qui résulteraient de l'incinération des matières qui constituent le fumier.

Les sels minéraux sont les uns solubles, les autres insolubles dans l'eau ; toutefois, ces derniers deviennent ensuite solubles par suite des réactions qui s'opèrent dans le sol, à raison de l'assimilation graduelle par les plantes d'une partie des éléments de l'engrais.

Remarquons que, lorsqu'on analyse un fumier, de même que toute matière d'origine organique, les agents avec lesquels on opère et même l'influence de l'eau ou de l'air, provoquent des dissociations qui n'empêchent pas, sans doute, de retrouver les éléments qui le constituent, mais ils ne sont plus groupés de la même manière, et cependant, c'est uniquement dans le mode d'association des éléments que consistent leurs propriétés. Tout est là, et je ne crois pas que l'on puisse jamais arriver à une explication satisfaisante avec cette manière de procéder. On saura sans doute ainsi que le fumier est composé de carbone, d'azote, d'hydrogène, d'oxygène et de matières minérales; mais alors on retrouve les mêmes éléments dans le végétal; on les reconnaît encore dans l'animal.

Je vais donc essayer d'apporter la clarté dans ce labyrinthe encore obscur.

Sans transcrire textuellement l'opinion d'aucun chimiste agricole, je ne crois pas me tromper en disant que, jusqu'à présent, même et surtout suivant M. de Liebig, dont la théorie, émise depuis environ trente ans [1], a été reproduite sous toutes les formes et fait toujours autorité; on compare la principale décomposition qui s'opère dans les éléments du fumier sortant de l'étable, à celle de la combustion du carbone par l'air ou par l'oxygène de l'air; — seulement, on admet qu'au lieu de cendres qui résulteraient d'une combustion vive ou complète de la paille, la combustion lente et incomplète qui se produit sous l'influence prolongée et alternante de l'air et de l'humidité, donne un produit intermédiaire : l'*humus* ou carbone assimilable.

On conviendra facilement, je pense, que cette explication d'une combustion partielle laisse beaucoup à désirer. En outre, on pourrait objecter qu'une partie du carbone de la paille se dégagerait alors en pure perte, sous forme d'acide carbonique, à moins que ce gaz ne soit retenu par l'ammoniaque; mais alors le carbonate d'ammoniaque qui en résulterait, serait également volatil, au moins à une température peu élevée.

Ce n'est donc pas ainsi que la décomposition s'opère. Pour l'expliquer, il faut d'abord mettre de côté l'influence de l'air, car c'est dans l'intérieur de la masse, où *l'air n'a pas accès*, que les combinaisons efficaces se produisent; et elles se font d'autant plus promptement que le

[1] Voir *Chimie organique appliquée à la physiologie végétale et à l'agriculture*, traduction par Ch. Gerhart, 1841 : *Origine et mode d'action de l'humus.*

mélange est plus compacte et plus fréquemment imbibé ou arrosé par les eaux ammoniacales de l'urine des bestiaux.

Lorsque le fumier n'est pas enfoui dans un espace fermé latéralement, la décomposition de la partie extérieure en contact avec l'air s'opère beaucoup plus lentement, et l'on peut remarquer qu'elle ne se produit, à la longue, que par l'effet des réactions intérieures.

En outre, chimiquement parlant, le mot *humus* me semble adopté pour désigner un élément ou plutôt un composé que l'on se sent impuissant à bien définir. Car enfin, de deux choses l'une : si le type de l'humus représente du carbone soluble à l'état isolé, on doit pouvoir le démontrer, et je ne vois pas qu'aucune expérience de laboratoire, pas plus que la pratique industrielle, puisse produire un tel carbone. Au surplus, tout traité de chimie dira que toutes les variétés de carbone sont fixes et insolubles. Si, au contraire, pour former de l'humus, il entre avec ce carbone un ou plusieurs autres éléments, ce qui est à supposer d'après les considérations qui précèdent, il convient alors de donner à ce composé un nom qui se rattache à la nomenclature chimique et qui fasse connaître quels sont les corps associés au carbone. C'est ainsi que la combinaison du carbone avec l'oxygène se nomme acide carbonique ou oxyde de carbone, suivant les proportions; avec l'hydrogène, c'est du protocarbure ou du bicarbure d'hydrogène, etc., etc.

D'après ce principe, le seul qui puisse arriver à nous faire voir la vérité, sans artifices, essayons donc de rendre cet humus moins énigmatique.

Il pourrait d'abord être utile, avant d'examiner les combinaisons qui se produisent, d'entrer dans quelques considérations sur la fermentation et sur la manière dont j'ai pu m'expliquer ses effets, sans l'intervention des mycodermes, des vibrions, etc.; mais les développements sur cette matière m'entraîneraient trop loin et se rattachent à beaucoup d'autres questions; ils ne sont pas d'ailleurs, indispensables pour la théorie que j'émets. Je les réserve donc pour l'explication de l'application industrielle que j'aurai à décrire séparément.

L'urine des bestiaux, dont la paille du fumier est imbibée, contient un principe fermentescible : l'urée. On sait que, lorsqu'on soumet cette substance à l'action de la chaleur, elle se décompose vers 140° en ammoniaque et en acide cyanurique. On pourrait donc considérer l'urée comme un cyanurate d'ammoniaque. Toutefois, comme l'acide cyanurique a une grande affinité pour l'eau, on peut dire que, dans le cas qui nous occupe, le composé fermentescible de l'urine est le cyanurahydrate d'ammoniaque [1], qui présente encore, à basse température, beaucoup moins de stabilité et par conséquent plus de facilité pour les réactions, que le cyanurate d'ammoniaque, ou urée proprement dite.

C'est ici le cas de rappeler succinctement quelles réactions nombreuses produisent le cyanogène (C^2 Az), — que l'on nomme aussi moins souvent, mais plus régulièrement : azoture de carbone, — et même les combinaisons dont il fait partie, avec l'eau et l'ammoniaque. Ainsi, d'après les expériences de M. Woëhler, qui datent déjà d'une trentaine d'années, la simple dissolution du cyanogène dans l'eau se colore en brun sous l'influence de *la lumière* [2]; des flocons bruns se déposent au fond du vase, tandis que la liqueur contient de l'acide carbonique, de l'acide cyanhydrique, de l'ammoniaque, de l'urée et de l'oxalate d'ammoniaque.

D'après M. de Liebig [3], « en dirigeant un courant » de cyanogène dans une dissolution aqueuse d'ammo- » niaque, il y a une décomposition analogue à celle du » cyanogène par l'eau, mais elle est beaucoup plus » prompte. La matière brune qui se sépare en grande » partie renferme de l'ammoniaque. Les produits solu- » bles sont les mêmes que ceux du cyanogène en pré- » sence de l'eau seule. »

L'urée, ou à plus forte raison le cyanurahydrate d'ammoniaque, est également un composé instable à basse température; mais il se produit dans ce cas des

[1] Il m'a paru préférable, pour la facilité de l'indication des réactions ultérieures, d'employer la dénomination de *cyanurahydrate d'ammoniaque*, au lieu de celle d'*hydro-cyanurate d'ammoniaque*, qui serait équivalente.

[2] J'observe que *la chaleur* produit le même effet.

[3] *Traité de Chimie organique.*

combinaisons différentes de celles qui ont été constatées par le contact du cyanogène avec l'eau et l'ammoniaque, puisque l'on a dans le mélange les éléments de la paille des litières.

L'eau se dédouble donc, de même que le cyanurahydrate d'ammoniaque, l'oxygène de l'eau et même celui de l'acide cyanurique se portant sur le carbone, forment de l'acide carbonique, lequel, en présence de l'ammoniaque, se transforme en carbonate d'ammoniaque.

C'est pour ce motif qu'il se dégage des gaz ammoniacaux du fumier qui séjourne trop longtemps sous les bestiaux, ou qui n'est pas en assez grande masse, ou assez comprimé pour que l'absorption de l'ammoniaque ou du carbonate volatil ait lieu par les réactions ultérieures.

Le carbone peut s'unir à l'hydrogène à une faible température, lorsqu'il est placé dans des conditions favorables à cette combinaison; or, l'hydrogène naissant, provenant de l'eau décomposée, se combine dans les circonstances qui nous occupent, à une température d'autant plus basse qu'il est plus concentré dans la masse sans mélange d'air qui en atténuerait l'effet. Il en résulte qu'en se portant lentement ainsi sur le carbone de la paille, il produit du protocarbure d'hydrogène ($C^2 H^4$); puis l'action se continuant par l'échauffement progressif des matières, causé par la concentration de la chaleur résultant des combinaisons, ce protocarbure d'hydrogène devient du bicarbure d'hydrogène ($C^4 H^4$).

D'autre part, nous avons vu l'acide carbonique formé en présence de l'ammoniaque, produire du carbonate d'ammoniaque, et lorsque le surplus du carbone de la paille est combiné à l'hydrogène, les combinaisons se modifient : le carbonate d'ammoniaque se décompose, et du contact de l'acide carbonique avec le bicarbure d'hydrogène résulte un échange d'éléments, et la formation, non pas d'acide cyanurique, mais d'acide cyanurahydrique, à raison de la présence de l'eau en excès, lequel, en contact avec l'ammoniaque, forme du cyanurahydrate d'ammoniaque.

Il est à remarquer alors que les éléments du fumier se trouvent ainsi convertis en principes de même nature que le composé qui a provoqué la fermentation.

Cet effet fait voir l'importance qu'il y aurait d'arroser

fréquemment la masse du fumier avec les eaux recueillies du purin; car on peut, par ce moyen, hâter les réactions, les rendre plus complètes, tout en fixant au fumier les eaux dites ammoniacales.

Pour ne pas compliquer la démonstration, je n'ai pas parlé plus tôt du soufre, du phosphore et même du chlore [1], etc., qui se trouvent aussi dans les déjections animales. On connaît l'affinité de l'hydrogène pour ces éléments. Or, il se forme également du sulfure, du phosphure, du chlorure d'hydrogène, ou acides sulfhydrique, phosphydrique et chlorhydrique, lesquels, en présence du cyanurahydrate d'ammoniaque (composé qui devient basique), forment du sulfhydro-phosphydro-chlorhydro-cyanurahydrate d'ammoniaque.

Le soufre, le phosphore et le chlore accroissent donc encore la valeur de l'engrais par l'hydrogène qu'ils absorbent.

Mais les combinaisons à l'état assimilable des éléments prédominants : carbone, hydrogène, oxygène et azote, et même soufre, phosphore et chlore, qui forment déjà un fumier homogène, ne sont pas les seules à opérer : il reste à rendre solubles les sels minéraux représentant les cendres de l'analyse chimique.

La quantité et la nature de ces résidus est fort variable. On peut admettre, d'après les analyses, qu'ils sont généralement composés de :

Carbonate et phosphate de chaux et de magnésie;

Carbonate et sulfate de potasse et de soude;

Silicate d'alumine, oxyde de fer, oxyde de manganèse, etc., etc.

[1] Si le soufre et le phosphore sont indispensables dans les engrais, le chlore en petite quantité me paraît être aussi, pour la nourriture végétale comme pour l'alimentation animale, un complément indispensable. Ainsi, notre estomac ne serait pas satisfait si on lui servait des aliments sans sel (chlorure de sodium). On a reconnu que les animaux domestiques le recherchent, et, lorsqu'on en parsème dans le fourrage, par exemple, l'appétit des bestiaux, et par conséquent leur développement, en est amélioré. Nous ne remarquons pas, d'une manière aussi apparente, que ce sel plaît à l'appétit des plantes; mais, si l'on en ajoute à leur nourriture, à faible dose, bien entendu, et dans des conditions telles que ce sel puisse être décomposé et fixé à l'engrais, on verra qu'elles s'en trouvent bien.

J'en pourrais dire autant de l'iode, du brome, etc.

On conçoit que, par l'effet des combinaisons principales qui ont été décrites, ces cendres restent disséminées parmi la masse, dans un état d'extrême ténuité. Le fumier est déjà ainsi converti à l'état de *beurre noir*, et il est propre à l'emploi, parce qu'il vaut mieux que les réactions ultérieures, pour plus d'effet utile, s'opèrent dans le sol, au fur et à mesure des besoins de la nutrition.

N'est-il pas permis, par comparaison, de remarquer que ce beurre noir, dissous dans l'eau, formera le lait végétal, lorsque la solubilité des principes minéraux se sera opérée dans le sein de la terre, à mesure que la plante se développera et s'en assimilera les éléments par les bouches multiples des racines; de la même manière que le lait, qui contient sous forme liquide les mêmes éléments nutritifs que les aliments solides, achève de s'élaborer avant d'arriver aux mamelles de l'animal, à mesure qu'il est absorbé par le petit être qui s'en nourrit?

Examinons succinctement comment s'opèrent, dans le sol, la solubilité et l'assimilation des éléments minéraux.

Par suite de l'effet que l'on désigne généralement sous le nom de *force vitale*, et que j'appelle l'*affinité chimique* qui se développe dans l'intérieur de la plante, par l'action de l'engrais et de l'eau sur l'acide carbonique et sur d'autres gaz contenus dans l'air, et de laquelle résultent des combinaisons pâteuses qui se fixent au végétal et prennent ensuite de la consistance; une partie de l'acide cyanurahydrique, — ou même simplement de l'acide cyanhydrique, que nous avons vu se produire parmi les composés résultant du contact du cyanogène avec l'eau, — étant graduellement rendu libre dans le sol, attaque et dédouble les sels minéraux.

Ainsi, en ce qui concerne les éléments alcalins, il se combine avec la chaux, la potasse, la magnésie, l'alumine, etc.

Il peut également se former des cyanurahydrates de fer, de manganèse, etc.

Enfin, un premier déplacement d'un des sels composant les cendres peut amener des réactions réciproques qui produisent des sels assimilables. Il suffit d'en indiquer ici le principe, sans qu'il soit nécessaire de chercher à suivre ces réactions multiples, qui varient d'ailleurs, suivant l'affinité inhérente à la nature de chaque plante. Je suis même disposé à croire que les acides sulfurique, phosphorique, carbonique et silicique se combinent encore aux cyanurahydrates déjà formés.

On connaît l'effet utile que produit sur la végétation, l'adjonction au fumier, du salpêtre ou azotate de potasse, ainsi que de l'azotate de chaux. Ces composés facilement solubles dans l'eau, présentent à la plante non-seulement de l'azote, mais aussi de la potasse et de la chaux assimilables. Les cyanurahydrates ou les cyanhydrates de potasse et de chaux qui se forment dans le sol, s'ils y trouvent la potasse et la chaux, ont encore une propriété nutritive plus grande, puisqu'ils ajoutent le carbone assimilable aux éléments que je viens de citer.

De cette réunion, et bien certainement, de cette réunion seule d'éléments divers, groupés autour du cyanogène en quantité suffisante, doivent donc naître des composés végétaux complètement saturés, c'est-à-dire suffisamment neutres, suffisamment stables, pour ne pas donner prise à des altérations ou plutôt à des combinaisons lentes et anormales sous l'influence des agents atmosphériques. Lorsque, par l'absence d'une partie des éléments nécessaires à cette constitution-type, le composé végétal laisse prédominer un principe légèrement acide ou alcalin, les combinaisons qui se produisent peuvent donner naissance à l'oïdium ou à des champignons que j'appelle des cyanures organisés, ce qui constitue *la maladie* de la plante.

Le même raisonnement, comme je l'ai déjà fait remarquer, peut être appliqué au règne animal, au point de vue de la nourriture rationnelle nécessaire à l'organisation de chaque espèce.

On voit donc, en résumé, que la dénomination techno-chimique complète de l'*humus* doit être d'une longueur démesurée. Mais, ce qu'il est surtout essentiel de constater, c'est que le cyanogène en est le principe essentiel, fondamental, qu'aucun autre agent chimique ne peut remplacer.

Cet élément ne se trouve pas dans les engrais, ou dans la plupart des engrais du commerce.

Les chimistes agricoles expliquent la manière dont sont rendus solubles les sels minéraux des cendres ou du sol, par l'action de l'acide carbonique, de l'*acide humique* et de quelques autres acides ou même d'alcalis; mais je pose en fait qu'il n'est pas possible de donner, par des observations de laboratoire, la preuve que ces agents peuvent dissoudre *toutes* les matières nécessaires à l'alimentation végétale. On verra plus loin comment je puis démontrer l'exactitude fondamentale de ma théorie. On connaît, d'ailleurs, l'affinité énergique des acides cyanés, ou tout au moins de l'acide cyanhydrique, pour tous les minéraux.

L'acide cyanhydrique, mis en contact avec l'organisme animal, est un poison d'une violence extrême; c'est le plus prompt que l'on connaisse, puisqu'une seule goutte versée sur le globe de l'œil d'un chien de forte taille suffit pour le tuer instantanément ; mais c'est précisément cette vive affinité qui fait que, dans l'acte de la nutrition en rapport avec les organes végétaux et animaux, la présence de matières sur lesquelles il ne se porte pas, tempère la fougue qu'il aurait à l'état isolé; tout en lui laissant la possibilité de dédoubler, dissoudre et saturer les principes minéraux qui calment son ardeur et le rendent, non-seulement inoffensif, mais indispensable.

C'est, au point de vue de la respiration en rapport avec les organes animaux, l'histoire de l'oxygène, qui serait un violent poison, si son action n'était tempérée par la présence d'une forte proportion d'azote.

III.

Les explications que j'ai données font voir que la proportion d'eau contenue dans les fumiers de consistance pâteuse, est nécessaire à leur bonne constitution. Je fais cette observation, parce qu'en faisant les comparaisons du fumier d'étable avec les engrais du commerce, on peut supposer que le fumier oblige à transporter à grands frais, sur les terres, 70 à 75 pour 100 de poids superflu, et l'on peut, pour ce motif, être disposé à donner la préférence aux engrais artificiels, secs et pulvérulents, ou à penser qu'un dessèchement préalable pourrait concentrer avantageusement les principes fécondants du fumier d'étable.

Dans les analyses chimiques du fumier, on élimine d'abord cette eau sous le nom d'*humidité*. Il serait plus exact de dire : hydrogène, tant; oxygène, tant; car, enfin, ces éléments doivent servir à faciliter les réactions et à compléter la nourriture des plantes.

En d'autres termes, l'eau ainsi dégagée a été extraite, non pas de l'ensemble de la masse, mais en particulier de l'acide cyanurahydrique, de sorte qu'au lieu de cyanurahydrate d'ammoniaque (je fais abstraction des autres éléments associés), on finit par ne plus avoir que du cyanurate ou même du cyanure d'ammoniaque, qui n'a point les mêmes propriétés et qui ne contient plus tous les éléments nécessaires à l'assimilation végétale.

Un fumier trop desséché sous l'influence de la chaleur atmosphérique subit graduellement la même transformation. Le cultivateur sait fort bien que, dans cet état, le fumier est altéré et a perdu de sa valeur fertilisante.

Ainsi, avec le fumier à l'état normal, la plante peut prendre un commencement de développement, tandis que par l'emploi du fumier desséché, si l'on ne reporte pas séparément, au moyen de l'arrosage, l'eau enlevée, il faut attendre la pluie pour que la nutrition de la plante s'opère, et le retard a toujours une influence pernicieuse sur les premières périodes de la végétation, et en définitive, sur la récolte.

Enfin, en éliminant l'eau, le cas me paraît le même que si l'on desséchait un animal vivant pour en réduire le poids, par le dégagement des 70 à 75 pour 100 d'eau que contiennent aussi la chair et le sang. Il s'opèrerait alors une décomposition ayant de l'analogie avec celle que j'ai citée, et la vie disparaîtrait, car je fais remarquer que la chair et le sang se rattachent encore à des combinaisons dont le cyanogène est le noyau. Toutefois, la proportion et la nature des éléments sont ici changés : les bases sont terreuses et forment un composé plus stable qu'avec l'ammoniaque ; aussi, tandis que le fumier est soluble dans l'eau froide (hormis les cendres qui, comme nous l'avons vu, le deviennent dans le sol), les principes de la viande ne se dissolvent qu'en partie dans l'eau chaude, même bouillante.

Il se produirait donc, par le dessèchement dont j'ai parlé, une décomposition du groupe multiple qui constitue le principe chimique vital. Ce serait le parce que motivé que j'invoquerais, si c'était nécessaire, pour ne conseiller à personne de se faire dessécher à la façon de *l'Homme à l'oreille cassée*, dont M. Ed. About a raconté d'une manière si attrayante, quoique savante, la déshydratation par un docteur allemand, ainsi que le procédé mis en usage, — avec un brillant succès, dit-on, — au bout d'un siècle, pour ressusciter, à l'aide d'une ration d'eau équivalente à celle qui lui avait été enlevée, ce malheureux rendu plus fragile encore que nous.

Un autre exemple : lorsque l'homme éprouve un sentiment de soif, c'est que les acides hydratés qui se rallient au principe cyané à bases terreuses qui constituent le sang et la chair ne sont pas suffisamment saturés par les éléments de l'eau. — C'est ainsi que les aliments trop salés altèrent, parce qu'il faut saturer d'hydrogène le chlore séparé du chlorure de sodium. — Il est donc facile de porter remède à cette situation ; mais si, par exception, l'homme se trouvait dans l'impossibilité de satisfaire à ce besoin de boire, la décomposition continuant à s'opérer, il se produirait en lui des modifications de combinaisons qui finiraient par amener la mort.

La vie apparente pourrait même avoir disparu avant que toute affinité intérieure ait cessé. Dans ce cas, si les réactions ou les modifications qui se produisent lentement après ce commencement de décomposition, n'ont pas encore pris naissance, les signes de la vie pourraient reparaître par la simple hydratation des corps, soit par la voie intérieure, soit même par l'action extérieure. N'y a-t-il pas lieu de penser que c'est une cause de ce genre, c'est-à-dire l'effet de l'humidité de l'air du sol, qui a quelquefois ranimé, au moins momentanément, des inhumés ?

Ces réflexions me conduisent à dire que la chimie a autant d'importance pour la médecine et pour l'hygiène que pour l'agriculture, et que l'on pourrait avec justesse appliquer à ces sciences l'épigraphe de M. de Liebig, placée en tête de cet exposé.

Sans risquer d'être un profane, je crois pouvoir dire que la médecine qui ne serait basée que sur une suite d'observations, ne serait pas plus éclairée que l'agriculture routinière.

Tout est chimie dans la nature, et — à part les hautes considérations théologiques et philosophiques, car je suis bien loin d'oublier que « l'homme ne vit pas seulement de pain, » — s'il veut se connaître lui-même au point de vue matériel, qui n'est point non plus à dédaigner, il est aussi indispensable à l'homme d'étudier la chimie que l'alphabet. Cette science n'est, d'ailleurs, pas plus aride ni plus inintelligible à tous, que les principes du langage ou du calcul.

J'ajoute, — et l'on en rira si l'on veut, car cela ne m'empêchera pas d'avoir raison : — que si les mères de famille, si les nourrices connaissaient la chimie organique, on ne verrait certes pas une mortalité si effrayante parmi les nouveau-nés.

La cuisine encore, pour être bien dirigée, a besoin des connaissances du laboratoire. Puisqu'il faut de la science pour alimenter les plantes et les animaux, à plus forte raison en faut-il pour nourrir l'homme.

Applaudissons donc à l'intelligente impulsion donnée, pour ne pas laisser uniquement à l'état littéraire l'instruction de la femme — en dehors des principes religieux et moraux — et pour rendre encore plus scientifique celle de l'homme. L'étude des belles-lettres donne des fleurs, celle des sciences produira des fruits.

Serait-il digne de la logique des hommes que les fleurs dominassent dans le banquet — ou plus exactement dans le repas — de la vie?

Mais je m'aperçois que mes convictions m'ont entraîné loin de mon sujet. Hâtons-nous d'y revenir et reconnaissons que si nous ne pouvons manger sans boire, à plus forte raison la plante, dont les organes, que l'on peut comparer à ceux de l'animal qui vient de naître, sont faits pour s'alimenter d'une nourriture liquide. Et puisque le végétal n'a pas, comme l'animal, d'agents de locomotion pour aller chercher l'eau dont il a besoin, n'attendons pas que la Providence soit obligée de suppléer à notre incurie par des pluies bienfaisantes, mais trop souvent tardives.

Redisons-le donc encore : il ne faut pas seulement à la plante, de l'azote, du carbone, des matières minérales variées et nombreuses ; — il lui faut aussi, et non moins essentiellement, de l'eau, c'est-à-dire de l'oxygène et de l'hydrogène ; — seulement, l'eau ne doit venir qu'à propos pour dissoudre les aliments solides et en permettre l'absorption au fur et à mesure des besoins de la nutrition, tandis que les autres éléments de l'engrais sont les mets servis à l'avance. Ce n'est donc certainement que du concours simultané de tous ces éléments en présence, que l'on peut espérer le *nec plus ultra* de la récolte ou de la vigueur de chaque plante, en mettant de côté les effets qui doivent résulter des influences atmosphériques pernicieuses, contre lesquelles cependant, une végétation placée dans ces conditions peut, jusqu'à un certain point, lutter.

Ainsi, on finira par sentir la nécessité de fournir artificiellement aux plantes de la grande culture, — comme on le fait pour les prairies à proximité des cours d'eau, — l'eau indispensable pendant la période de l'accroissement. Dans les contrées où ce résultat ne pourra être obtenu par les eaux détachées de cours d'eau plus élevés que le sol, on creusera des puits artésiens, ou bien l'on trouvera moyen d'élever facilement, — surtout par l'utilisation de la force momentanée que peuvent donner les courants d'air, — les eaux des niveaux inférieurs. Alors, on n'aura plus à redouter l'influence pernicieuse des années de sécheresse; la vigueur de la végétation principale, qui trouvera dans l'engrais spécial la nourriture nécessaire au développement complet de la plante, étouffera les herbes parasites, et l'on reconnaîtra que la culture n'a pas la même importance que l'engrais et que l'eau. Je sais bien qu'en présence des méthodes actuelles depuis si longtemps en usage, cette idée peut paraître hasardée et risque d'être traitée d'utopie; cependant, l'herbe d'une prairie bien fumée et bien irriguée n'acquiert-elle pas *sans culture* tout le développement dont elle est susceptible?

Si, aujourd'hui, le laboureur est obligé de creuser un profond sillon; s'il est indispensable que le jardinier ramène vers la surface du sol, à l'aide de la bêche, des terres profondément enfouies, c'est surtout pour apporter à proximité des racines les sels minéraux qui n'ont pas été épuisés par les récoltes précédentes. On doit comprendre que ce travail n'aura plus la même raison d'être aussi pénible, lorsqu'on apportera avec l'engrais *tout* ce qu'il faut à la plante.

Le temps sera venu alors où l'intelligence de l'agriculteur remplacera la partie la plus fatigante de son labeur manuel. J'ai la confiance que ce jour viendra, et je crois avoir contribué à le rapprocher, en trouvant le moyen dont je vais parler, de produire, conformément à la théorie que j'ai exposée, des engrais complets et spéciaux, avec lesquels chaque plante, qu'elle soit céréale, fourragère, légumineuse, sucrière, vigne ou arbre, se trouvera abondamment servie, selon son goût.

IV.

On pourrait être disposé à m'objecter que les modifications principales que j'ai indiquées, ne se font pas comme je l'ai dit; mais j'ai surtout considéré l'étude laborieuse et persévérante que j'ai faite de cette question, au point de vue de l'utilité pratique. Je suis donc fixé de manière à pouvoir démontrer par des faits et à donner la preuve comme pour une opération mathématique.

Si l'on n'engraisse pas la terre avec de la théorie, il faut bien convenir qu'on l'engraisse mal avec la routine.

Il ne faut donc pas dédaigner la théorie, car c'est l'âme de la pratique; c'est le raisonnement de l'homme qui veut savoir ce qu'il fait et pourquoi il le fait, afin de pouvoir remédier au mal et augmenter la somme du bien.

Sans la théorie, l'homme agit comme une machine; mais aussi, pour qu'une théorie puisse rendre des services, il faut qu'elle soit vraie, et pour qu'elle soit vraie, il faut qu'elle s'accorde avec les données de la pratique. — Autrement, ce ne serait que de l'hypothèse.

Or, c'est précisément de la concordance, de la combinaison du raisonnement théorique avec l'explication de ce qui doit se passer par l'action des éléments que je mettrai en présence dans des conditions déterminées, que jaillit pour moi la lumière qui me permet de marcher à pied ferme dans la voie de l'application.

Je puis donc, je le répète, démontrer d'une manière industrielle, qu'il est possible de fournir à l'agriculture, à prix inférieur au fumier d'étable, des engrais artificiels complets, — que l'on peut rendre spéciaux pour chaque plante, puisque l'analyse indique la variété des éléments minéraux qui doivent faire partie de la constitution normale de chacune d'elles.

L'enceinte du laboratoire suffit pour l'étude de l'analyse qui décompose, comme les bancs de l'école suffisent pour apprendre les principes du langage; mais l'application, mais la synthèse a besoin d'un champ plus vaste, et en particulier, dans le cas qui nous occupe, il lui faut des usines pour fabriquer dans des conditions favorables aux effets que l'on veut produire.

Mon moyen consiste à établir de robustes animaux chimiques que j'appellerai COPROGÈNES, ou générateurs d'engrais, dont le vaste estomac pourra, d'une manière continue, transformer en engrais complets, des minéraux de peu ou point de valeur actuelle, et qui sont autrement abondants dans la nature que les phosphates de chaux ou coprolithes, que l'on exploite à grands frais depuis un certain nombre d'années.

Ces Gargantuas gloutons mangeront donc de la terre, avaleront des pierres, boiront de l'eau, et sans rien s'assimiler, pour ne pas perdre l'appétit... rendront... à l'état inodore, dont j'ai déjà parlé, tous les éléments transformés comme dans l'engrais théorique, et conséquemment, prêts à être servis aux végétaux.

Si l'on veut appeler cela *vivre*, mettons que c'est vivre pour manger, ou plus exactement, c'est vivre pour produire de l'engrais, avec la différence d'une nourriture moins coûteuse que pour le bétail, qui n'oblige pas à consacrer une partie du sol en prairies; et d'une production plus considérable d'engrais — de nature plus complète, puisque dans ce voyage de transmutation exécuté par les éléments de la terre, il ne sera rien resté en chemin.

Je ne me suis pas occupé de la tête de cette nouvelle espèce d'animaux : ils n'en ont pas besoin, car, malgré leur volumineux corps, celle de l'homme actif et prévoyant leur sera bien suffisante.

En définitive, le carbone renfermé dans l'engrais produit de cette manière, proviendra de l'acide carbonique de combustible brûlé et même de celui de carbonates minéraux. On peut donc remarquer qu'à ce titre les pierres calcaires sont une nouvelle mine féconde à exploiter, puisque je puis leur faire rendre, pour l'agriculture, le carbone qu'elles ont emmagasiné dans les périodes anciennes de la formation du globe.

L'azote, l'hydrogène et l'oxygène seront pris à l'air et à l'eau.

Des considérations relatives à la législation sur les inventions et aux difficultés de toutes sortes qui se dressent trop souvent, — on le sait, — en face même des innovations les plus utiles au bien-être de l'humanité, m'empêchent de décrire l'organisation de ces appareils; mais je serai toujours disposé à donner des explications et à m'entendre directement avec les personnes d'initiative et confiantes dans le progrès, qui voudraient prendre intérêt à la propagation pratique de mes idées, en apportant leur concours à l'établissement de fabriques d'engrais basées sur ces éléments.

Par cette application, l'agriculture se transformera, et cette mère nourricière de l'homme n'aura plus rien à envier à ses sœurs industrielles. L'agriculteur pourra alors, *et seulement alors*, obtenir les produits largement rémunérateurs auxquels il a droit, et que la somme d'intelligence et de travail qu'il a beau ajouter à son capital ne lui permet généralement pas d'obtenir, avec les éléments des exploitations actuelles.

Si je ne fais pas ici la description pratique, je ne crois pas que l'on puisse m'en faire un reproche. Loin de moi la pensée d'être égoïste, et plût à Dieu que mes idées se réalisent, car elles seront fécondes pour tous. L'abondance conduit à l'aisance générale. Mais, si l'on cultive laborieusement un champ, c'est dans l'espoir que la récolte vous récompensera de vos travaux. S'il n'en était pas ainsi, le travail n'aurait pas sa raison d'être et l'émulation serait un vain mot.

L'éminent économiste Bastiat a dit que la récompense de l'effort doit appartenir à celui qui fait l'effort, et, — puisque l'homme ne peut non plus vivre uniquement de théorie, — n'est-il pas juste que les coopérateurs qui m'aideront à appuyer sur le levier auquel j'ai confectionné un résistant point d'appui, puissent participer aux trésors jusqu'à présent inexploités, que cet instrument peut soulever du sein de la terre?

Passons maintenant à un autre ordre de considérations sur l'importance du rôle du cyanogène dans la nutrition, afin d'appuyer encore mes principes théoriques.

Les géologues expliquent la végétation vigoureuse qui régnait à la surface de la terre dans ses premiers âges, à l'époque de la formation du terrain *carbonifère*, et même antérieurement, jusque dans le terrain *cumbrien*, — (végétation dont les débris ont fourni les puissantes couches de houille et celles d'anthracite que l'on retrouve de nos jours), — par une température élevée et une atmosphère saturée d'acide carbonique. Mais cette puissance végétative n'aurait pas eu sa raison d'être, si, d'un autre côté, le sol n'avait pas présenté aux racines d'abondants aliments assimilables. Il ne suffit pas plus à la plante qu'à l'animal de respirer : il lui faut aussi boire et manger.

Or, en consultant les lois d'association et de dissociation des corps suivant la température à laquelle ils sont soumis, et en supposant que les éléments de l'air, de l'eau et des minéraux qui constituent le globe soient exposés à une chaleur élevée, on arrive à conclure qu'il se dégageait abondamment du cyanogène du noyau terrestre; que ce gaz se combinait d'abord à quelques minéraux les plus difficilement fusibles; qu'à une température moindre, en se rapprochant de la surface, il se formait des combinaisons ammoniacales et minérales, lesquelles, en définitive, se déposaient et constituaient un sol de véritable engrais, analogue à celui dont j'ai donné la définition, et essentiellement riche en minéraux solubles; — aussi retrouve-t-on généralement une plus forte proportion de cendres dans la houille que dans le bois qui croît de nos jours, ou que dans les autres végétaux.

C'est donc par le concours simultané de cet engrais et de l'eau, d'une part; de l'acide carbonique et de quelques autres gaz atmosphériques, ainsi que de la chaleur, d'autre part; que l'on peut complètement expliquer la prédominance de la vie végétative de cette époque primitive.

On voit donc, au moins avec les yeux du raisonnement, — beaucoup plus perçants que les autres, — que l'on avait dans ces circonstances un engrais complet sans l'intervention du bétail.

En résumé, le cyanogène me paraît être l'élément chimique indispensable pour constituer le principe de la vie; c'est ce composé qui, comme nous venons de le voir, a provoqué sur la terre le commencement de la vie végétale.

C'est encore le cyanogène qui, après le commencement de cette période, a provoqué la vie de plantes formant trait-d'union avec l'existence animale, puis des animaux se mouvant dans les eaux, car le principe cyané dissous dans les mers a permis, malgré la température encore élevée de l'eau, l'existence de polypiers et d'infusoires d'espèce particulière, dont la constitution essentiellement minérale était favorisée par l'abondance du calcaire et d'autres terres, rendus solubles par l'entremise du cyanogène. De même ont pu vivre des crustacés rudimentaires, dont quelques-uns, par exemple, les genres *trilobite*, *asaphe*, *calymène*, ne se retrouvent à l'état fossile que dans les terrains de transition les plus anciens, connus en géologie sous les noms de *siluriens*, *dévoniens* et *cumbriens*.

C'est encore le même principe organique qui maintient de nos jours la vie aquatique.

Ces remarques me conduisent à parler des eaux minérales et thermales.

Sait-on comment et pourquoi ces eaux sont efficaces dans un grand nombre de maladies? On a fait des traités sur ce sujet; j'en ouvre quelques-uns et je n'y vois, en réalité, que des incertitudes, — avouées d'ailleurs.

Le chimiste trouve bien, en décomposant ces eaux: du soufre, du chlore, de l'iode, du fer, de la potasse, de la magnésie, enfin des matières minérales les plus variées, isolées ou mélangées en proportions les plus diverses; mais comment ces éléments sont-ils groupés? par quel agent mystérieux toutes ces substances sont-elles dissoutes?

On trouve encore, dit-on, une matière organique à laquelle on ne fait, pour ainsi dire, pas attention; mais, en définitive, pourquoi se creuser la tête à chercher, dans ce cas encore, le mot de l'énigme? On va donc aux eaux parce qu'on se trouve bien de leur usage, sans parler des expériences auxquelles on est quelquefois obligé de soumettre son corps, pour savoir au juste quelles sont celles qui lui conviennent le mieux, qui lui font le plus de bien.

C'est toujours et toujours la conséquence de l'empirisme.

Voici donc l'explication que je soumets :

La substance organique que renferment toutes les eaux minérales, et que peut-être on croit superflue, est précisément l'agent indispensable. Il est analogue au principe de la nutrition; d'ailleurs, on l'appelle *organique*, parce qu'on le retrouve dans les végétaux comme dans les animaux, mais toujours sans avoir fait, chimiquement, sa connaissance. C'est, au fond, ce même principe que l'on nomme *humus* dans le fumier.

En définitive, c'est le cyanogène qui en forme la base, et c'est par l'entremise de cet agent, rendu acide, que les éléments minéraux avec lesquels il s'est trouvé en contact, à certaines profondeurs de la terre, ont été rendus solubles et transmis dans les eaux, comme ils ont été rendus solubles pour alimenter les plantes.

Et, lorsqu'on passe une saison aux eaux, on s'assimile — soit intérieurement, par les boissons, soit extérieurement, par les bains — les éléments minéraux contenus dans ces eaux, par l'effet de cet agent organique analogue au principe vital.

On apporte ainsi à l'organisme les éléments minéraux assimilables qui lui manquaient et qui le rendent plus complet.

C'est donc encore, on le voit, la suite de l'histoire des maladies des plantes et des animaux. — Seulement, il n'y a que les hommes qui peuvent se donner ce remède efficace, — et pas tous, à beaucoup près.

En tous cas, la théorie, cette fois encore, a bien son mérite, car elle peut guider pour fabriquer des eaux minérales *artificielles*, de la même manière que l'on peut faire de l'engrais *artificiel*.

Toutefois, je ne conseille pas pour cela, aux amateurs qui peuvent se donner cette villégiature réconfortante, d'abandonner leur voyage annuel, car l'agrément efficace que l'on peut trouver dans le séjour des eaux, n'est pas compris dans ma recette.

V.

Qu'il me soit encore permis de compléter l'expression de ma pensée sur les sources chimiques de la vie, par de nouveaux exemples, car chercher à pénétrer les secrets de Dieu, c'est vouloir contempler sa grandeur avec l'intelligence dont il a mis en nous le germe évidemment perfectible, — qui grandit à mesure qu'il s'assimile l'explication de nouveaux mystères de la nature.

On a reconnu que les graines des plantes contiennent une proportion d'azote plus forte que la plante elle-même ; ainsi, le blé, l'orge, l'avoine renferment proportionnellement plus d'azote que la paille. C'est à ce principe prédominant que l'on attribue leur propriété alimentaire. A ce point de vue, cependant, on ne doit pas oublier le carbone, qui figure aussi en proportion notable dans les graines. Cette association, jointe aux éléments minéraux qu'elles contiennent aussi, me paraît constituer des cyanures à bases multiples, et ces combinaisons permettent d'expliquer les phénomènes de la germination.

Ainsi, le contact des graines avec l'eau provoque de nombreux dédoublements analogues à ceux que nous avons vu se produire par le cyanogène dans l'eau, et il s'établit alors, à l'aide du germe qu'elles renferment, une communication de ces éléments avec les éléments contenus dans l'air pour lesquels ils ont de l'affinité : effet qui produit l'accroissement de la plante.

Quant à l'explication du germe qui perpétue l'espèce physiologique, il rentre dans le domaine d'un autre ordre d'idées et nous n'avons pas à nous en occuper ici; seulement, sans entrer dans des explications sur le principe qui me semble devoir être admis comme point de départ des études sur cette branche de la science, je ferai remarquer que la fécondation qui cause la vitalité de la graine au point de vue de l'espèce, me paraît consister dans la combinaison réciproque des éléments cyanés fournis par le pistil et par les étamines; éléments qui ont des tendances à s'unir, parce qu'ils sont d'un côté acides et de l'autre alcalins, d'où résulte une combinaison neutre, plus stable, et qui commencera à devenir vitale lorsqu'elle sera mise en contact avec l'eau.

D'un autre côté, les pores inextricables et infiniment petits, du germe, me semblent faciliter et provoquer les combinaisons à la manière de l'éponge de platine des laboratoires; c'est-à-dire que, par cet intermédiaire, il se forme lentement, à la température atmosphérique, des combinaisons chimiques qui ne pourraient se produire sans ce concours.

Les végétaux d'organisation rudimentaire, tels que les champignons, réunissent dans leur composition tous les éléments nécessaires à la formation des cyanurahydrates. Ce doit être l'acide cyanurahydrique ou cyanhydrique incomplètement saturé qui forme le principe toxique des champignons vénéneux.

En général, les poisons végétaux, de même que les venins animaux, qui ne laissent dans l'organisme qu'ils ont bouleversé, aucun résidu insoluble permettant de reconnaître leur nature, me paraissent appartenir à la même famille acide.

Le ver de terre, premier échelon du règne animal, constitué, en quelque sorte, par une réunion d'anneaux accolés que la séparation par petits groupes n'empêche pas de vivre, fait encore partie de l'ordre chimique cyané; aussi suffit-il que la terre humide dont il se nourrit, subisse l'influence de ses organes, pour qu'il puisse se l'assimiler et la rendre en partie à l'état soluble.

L'albumine (blanc d'œuf), le gluten (partie nutritive

des graines céréales et par suite, du pain), la fibrine (principe de la chair et du sang), la caséine (principe du lait), la gélatine (qui se trouve dans les cartilages, les tendons, la peau, les os, etc.), et en général, tous les composés organiques d'origine végétale ou animale, dans lesquels se trouve de l'azote, me paraissent appartenir à la même classification.

La levure de bière est un composé inorganique qui est encore analogue aux composés de nature organique que je viens de citer. On peut dire que les éléments qui la constituent — à la réunion desquels la forme globulaire est inhérente à la température de l'atmosphère, lorsque l'eau est dans une proportion convenable, — représentent le principe du mouvement et de la vie en dehors de l'organisme végétal ou animal.

Elle agit comme l'urée dans le fumier.

La levure de bière — de même que tout autre ferment, — est donc un type du composé représentant le nœud qui rattache la chimie inorganique à la chimie que l'on nomme organique, dont on fait une classe à part, parce que les phénomènes multiples qui se produisent dans les tissus des végétaux et des animaux ne nous sont pas visibles, et que, dans l'impuissance de pouvoir en saisir ou expliquer les effets, on a cru devoir les attribuer à une influence inconnue, à laquelle on a donné le nom de *force vitale*, d'*électricité*, etc. Mais, quoiqu'ils deviennent de plus en plus compliqués à mesure que l'on gravit l'échelle de perfection des êtres et de chacun de leurs organes, ces effets n'en sont pas moins *tout à fait* du même ordre que ceux qui peuvent se produire, en dehors de l'organisme, par l'affinité de composés de plus en plus variés et complexes, que le principe cyané seul a le pouvoir de rassembler.

Il y a différentes espèces de ferments, comme il y a différentes espèces de fermentation.

La fermentation qui se produit par l'action de la levure de bière se continue jusqu'à ce que les éléments en contact se soient transformés sous l'influence provocatrice de ce ferment. Il ne peut y avoir accroissement, puisqu'il n'a été absorbé aucun principe en dehors de la matière soumise à la fermentation.

Dans la vie végétale, l'action de même ordre, provoquée par le principe cyané de la graine, se continue par l'affluence de l'acide carbonique et de quelques autres éléments attirés, ainsi que par l'action de l'eau et de l'engrais. En admettant que la quantité des éléments nutritifs solides, soit suffisante, *la présence ou le manque d'eau accélère ou ralentit cette harmonie.*

Dans la vie animale, ce phénomène, analogue en principe, mais différent dans les résultats, parce que ce qu'on peut appeler le ferment vital provocateur a une composition différente, s'accomplit et se continue par l'effet de la respiration, d'une part; et par l'influence des aliments solides et liquides, d'autre part. *Les privations comme les excès modifient également ces lois naturelles et provoquent les dérangements et l'état maladif.*

Il y a donc mouvement et vie par cette fermentation continuelle (que l'on me passe cette expression, nécessaire pour m'expliquer), par ce va-et-vient successif d'éléments divers, réciproquement attirés par le principe cyané de la séve ou du sang, qui devient alternativement acide et alcalin, sous l'influence d'une faible modification dans la température que produit chaque absorption.

L'effet est lent et peu apparent chez les plantes : il se traduit d'abord par l'accroissement; puis il devient plus lent et moins apparent encore par la maturité, qui résume et concentre les éléments constitutifs.

Il en est à peu près de même dans la vie animale des régions inférieures; mais à mesure que l'on s'élève, cet effet devient plus sensible : il produit enfin le tic-tac des artères et ce qu'on pourrait appeler un ressort chimique.

. . . .

O prodiges de la chimie du Tout-Puissant!!

. . . .

Il n'est pas nécessaire ici, d'aller plus loin.

« Il n'y a donc, en réalité, » comme le dit M. Claude Bernard dans un savant travail intitulé : *Le problème de la physiologie générale* [1], « qu'une physique, qu'une » chimie et qu'une mécanique générale, dans lesquelles » rentrent toutes les manifestations phénoménales de la

[1] *Revue des deux mondes*, 15 décembre 1867.

» nature, aussi bien celles des corps vivants que celles » des corps bruts. Tous les phénomènes, en un mot, » qui apparaissent dans un être vivant, retrouvent leurs » lois en dehors de lui. »

Mais il restait à déterminer exactement la nature chimique de ces phénomènes, pour en tirer — méthodiquement — des conséquences utiles à l'humanité.

Après les considérations qui précèdent, il serait futile de m'arrêter à attacher de l'importance à des mots; je ferai seulement la remarque suivante :

Gay-Lussac, qui a découvert le cyanogène en 1814, lui a donné ce nom, qui, d'après l'étymologie, veut dire *générateur du bleu*, parce que ce composé se trouve associé au fer dans le *bleu de Prusse*. Pour continuer à désigner par un seul mot cette combinaison chimique, qui se comporte comme un corps simple, ne conviendrait-il pas mieux de l'appeler : biogène *(générateur de la vie)*?

Je ne m'éloignerai pas davantage du sujet que je me suis proposé de traiter, en cherchant à pénétrer dans le domaine de la *physiologie* organique; je terminerai seulement cet exposé succinct de la chimie vitale, en citant une phrase du *Traité de chimie* de MM. Pelouze et Frémy :

« Le ferment exposé à l'air, sous l'influence d'une » dissolution sucrée, donne naissance, comme un grand » nombre de corps azotés, à un végétal connu sous le » nom de *Penicilium glaucum.* »

VI.

Indiquons maintenant les nouvelles sources fécondes que l'on peut faire jaillir du terrain que je viens d'explorer.

Mes idées théoriques, basées d'ailleurs sur un certain nombre de faits éparpillés dans la science, me donnent la conviction qu'il est possible de faire passer dans le domaine de la chimie industrielle, des éléments de synthèse pour la production d'une foule de substances ordinairement extraites du règne végétal et du règne animal.

Sur une question de cette importance, il me serait probablement difficile, avant la démonstration pratique industrielle, de faire partager la certitude de mes idées arrêtées ; mais je me sens plus autorisé en m'appuyant encore sur l'opinion de M. Berthelot, qui s'est spécialement occupé de la synthèse chimique, et qui a déjà obtenu des résultats fort remarquables, puisqu'il a pu constituer ainsi de l'alcool et même des corps gras.

« Jamais, » dit-il[1], « le chimiste ne prétendra former, » dans son laboratoire, une feuille, un fruit, un muscle, » un organe. Ce sont là des questions qui relèvent de la » physiologie...... Mais ce que la chimie ne peut faire » dans l'ordre de l'organisation, elle peut l'entreprendre » dans la fabrication des substances renfermées dans les » êtres vivants. »

[1] *Chimie organique fondée sur la synthèse*, par M. Berthelot, professeur de chimie organique à l'Ecole de pharmacie. — 1860.

Toutefois, malgré les idées judicieuses et avancées émises par cet habile chimiste, — qui depuis près de vingt ans, s'occupe avec activité de synthèse, — je ne crois pas me tromper en disant qu'il reste encore à trouver, non-seulement un procédé industriel d'application, mais surtout le moyen de produire, toujours à bon marché, le composé élémentaire formant le point de départ de la méthode.

Je fais remarquer que ma théorie de la composition du fumier et ma méthode pour produire artificiellement des engrais, font faire le pas capital à la question, et forment la première étape dans la voie de la synthèse industrielle, de même que, par les voies habituelles, le fumier ou l'engrais est le premier élément de production.

Mon principe reposant sur une base raisonnée et solide, permet donc de constituer la science synthétique en doctrine infaillible.

En effet, puisque les éléments des végétaux résultent de la combinaison de l'engrais avec les éléments de l'eau, de l'acide carbonique et d'autres éléments gazeux; puisqu'ensuite les produits du règne animal sont formés par la combinaison des principes végétaux avec une partie de l'eau dont s'abreuve l'animal et des éléments de l'air qu'il respire; il en résulte qu'il est possible de former artificiellement des combinaisons analogues, — et que l'on peut produire ainsi de l'alcool, du sucre, de la fécule, des huiles, des essences...... enfin, une grande variété de matières grasses et de substances nutritives, azotées ou non azotées, pouvant contenir comme la farine ou comme la viande, l'indispensable proportion de matières minérales solubles nécessaires à l'alimentation.

La nature a des moyens fort variés pour arriver au même résultat. On peut quelquefois retrouver, dans le règne végétal, des principes analogues à ceux du règne animal. C'est ainsi que la végétation tropicale fournit l'arbre à pain, l'arbre à lait, l'arbre à suif... Au lieu d'une bouche pour absorber la nourriture et d'ouvertures nasales pour respirer, il y a des êtres inférieurs qui s'alimentent et respirent par les pores de leur enveloppe... Je ne m'étendrai pas sur ce sujet : les traités d'histoire naturelle, les plus étendus, ne l'ont pas encore épuisé.

La chimie industrielle aussi, par des moyens variés, quoique moins compliqués dans la forme, peut faire des prodiges avec les éléments de la terre, de l'air et de l'eau.

En résumé, après avoir établi des COPROGÈNES, je pourrai convaincre beaucoup d'incrédules et organiser des variétés de PHYTOGÈNES ou générateurs de principes végétaux, et des ZOOGÈNES ou générateurs de produits analogues à ceux que l'on extrait des animaux. Ces puissants transformateurs matériels pourront former promptement et en abondance, des composés que la nature met des mois et même des années à élaborer par l'entremise des organes végétaux et animaux. En un mot, je puis faire de la nutrition *artificielle* comme je suis en mesure de faire de l'engrais *artificiel*.

Sans y mettre de l'emphase ni de la prétention, je me sens donc le droit de dire :

Par les moyens que je propose, l'homme pourra diriger la matière à son gré, la transformer selon ses besoins et lui faire parcourir activement, sans perte et sans secousse, le cercle utilitaire que les lois de Dieu lui ont assigné et duquel elle ne peut s'écarter sans être invinciblement ramenée vers la terre, pour y renaître lentement sous de nouveaux aspects.

C'est ainsi que l'eau qui s'évapore et produit les nuages revient sous forme de pluie qui contribue à nourrir les végétaux; — que l'acide carbonique qui résulte de la respiration animale et de la combustion est en partie respiré par les plantes; — que l'excédant de cet acide ainsi que d'autres s'allient à l'ammoniaque, provenant aussi d'exhalaisons animales; — et que, de l'effet des combinaisons éloignées et à haute dose qui se produisent spontanément, naissent les éclairs et le fracas de la foudre, ainsi que les orages, dont par suite, ainsi que le fait est constaté, les eaux renferment des sels ammoniacaux.

Mais que de pertes de matières utiles dans ces bouleversements, dans ces irrégularités de la nature! Si une minime partie seulement de ces trésors répandus à foison restent utilisés pour l'homme, c'est qu'il demeure spectateur impassible ou plutôt impuissant devant les phénomènes qui se passent sous ses yeux. Par le fait, l'homme est donc ainsi sous la dépendance de la matière. POUR ÊTRE LE ROI DE LA TERRE, N'EST-CE PAS LUI QUI DOIT LA DOMINER?

Si je parle avec assurance, c'est que, je le répète, j'ai les idées d'application assez arrêtées pour savoir que je ne m'aventure pas...... Un mot encore — et cependant, qu'en dira-t-on? — :

D'après les principes que je pose, l'homme peut donc arriver à vivre sans s'immoler des victimes. Si l'idée paraît brusque et folle, — réfléchissons un instant, — puis convenons que le produit du carnage des abattoirs est loin de satisfaire à la faim des peuples, et que, puisqu'il y aurait déjà philanthropie à donner plus d'extension à ces sanglants établissements, comment nommera-t-on le sentiment puissant et fécond qui portera à leur donner des succursales inoffensives, —et peut-être, dans la suite des temps, à les supprimer?

En attendant, ô homme qui vous dites civilisé! vous faites des règlements louables pour empêcher de maltraiter les animaux, mais vous vous érigez le droit de les tuer!

En arrivant à cette limite, je me sens obligé de prier le lecteur de croire que je ne me berce nullement de rêves fantasmagoriques, car mon travail est avant tout, sérieux, positif et réfléchi; mais pour appuyer ma manière de voir sur les conséquences, dans l'avenir de l'humanité, de l'application de mes idées, laissez-moi citer un passage d'un beau livre écrit par un éminent penseur : *La pluralité des mondes habités*, de M. Camille Flammarion [1] :

« La loi fondamentale de notre existence et de celle de » tous les êtres vivants sur la Terre, veut que nous men» diions notre nourriture aux débris des autres êtres, et

[1] 10e édition. — *Infériorité de l'habitant de la terre.* Page 276.

» que nous ne puissions vivre qu'à condition de déterrer » les plantes et de mettre à mort les animaux. Pensera-» t-on que cette loi est nécessaire et qu'il est dans » l'ordre absolu que l'on ne puisse vivre sans victimes? » Pensera-t-on que dans tous les mondes l'homme soit » astreint à tuer et à dévorer pour soutenir son exis-» tence? Une telle opinion nous paraît *foncièrement* » *erronée.*

» D'un côté, serait-ce un phénomène si extraordi-» naire que certains corps fussent constitués de telle » sorte que leur organisme intime portât en soi les » conditions d'une longue existence?

» D'un autre côté, serait-ce une supposition bien » étrange d'imaginer des atmosphères nourrissantes, » des atmosphères composées d'éléments nutritifs qui » s'assimileraient à des corps organisés sur un mode en » corrélation avec l'état de ces atmosphères?

» Lorsqu'on se représente l'état de l'humanité sur un » tel monde, où l'homme serait dispensé de tous ces » besoins grossiers qui sont inhérents à notre organi-» sation ici-bas, et qui mettent tant d'obstacles aux » travaux de nos intelligences, lorsqu'on se transporte » à ces mondes fortunés où l'homme mènerait une vie » plus noble et plus exquise, où les intelligences agi-» raient dans toute leur puissance d'action, dans toute » leur liberté, et lorsqu'on se laisse ensuite retomber » sur la Terre, où se livrent les combats de la vie contre » la mort, on comprend quel haut degré de supériorité » ces mondes auraient reçu relativement au nôtre, et » combien les êtres qui les habiteraient seraient élevés » au-dessus des enfants de la Terre. »

Si j'ai fait cette citation, quoique les moyens d'alimentation de l'homme sur la terre n'aient pas de rapport avec les idées qu'elle émet, si ce n'est en ce qui concerne l'absorption de l'air, — car l'air peut bien être considéré aussi comme un aliment indispensable, — c'est pour constater qu'il n'en est pas moins vrai que, par les moyens que je propose, on peut obtenir des résultats identiques, et que c'est par ces résultats, — et, quoi qu'on en puisse dire, *uniquement* par eux, comme base solide de l'édifice, — que l'on peut arriver à faire de notre terre, un monde meilleur.

Mais l'excès en tout est un défaut. Admettons donc que la marche même vers le bien doit être pacifique, si l'on ne veut troubler momentanément personne pour le bonheur du plus grand nombre.

Ainsi, pour débuter, en s'en tenant simplement à la production de l'engrais artificiel complet, n'arrive-t-on pas déjà à résoudre matériellement un important problème social, puisque ce moyen permet d'obtenir abondamment, non-seulement le blé, mais aussi le fourrage, et, par conséquent, le pain et la viande à bon marché ?

La facilité de satisfaire, dans une mesure suffisante, aux besoins matériels inhérents à la vie, réagit sur le moral de la famille humaine comme sur celui de l'individu. Quand, depuis si longtemps, le pain du travailleur coûte si cher; quand l'ouvrier ne peut se procurer la viande dont il a besoin pour réparer ses forces, entretenir sa santé et celle de sa famille; quand, de tous côtés, la charité est obligée de redoubler ses efforts ; quand les hôpitaux regorgent de malheureux épuisés avant l'âge; quand, sur le sol de l'Afrique et ailleurs, la famine fait d'affreux ravages que l'on se sent impuissant à conjurer; n'est-ce pas un devoir social de chercher à porter remède à cette plaie organique qui menace de s'étendre, et permettez-moi de le demander : n'est-ce pas le cas d'entrer résolûment dans la voie que je trace ?

C'est par la science appliquée que Franklin a pu dompter la foudre et éviter les accidents qu'elle occasionne ; c'est aussi par la science appliquée que l'on peut contribuer à anéantir la misère et le mal qu'elle engendre.

« Par la science, » a dit M. de Liebig, dans ses *Lettres sur la chimie*, publiées il y a environ vingt-cinq ans, « les ressources des Etats se développeront, leur richesse » et leur puissance grandiront ; et lorsque l'homme, » soulagé du fardeau de son existence, ne se sentira » plus accablé par les soucis qu'il éprouve à supporter » et à écarter les soins de la vie terrestre, alors seule- » ment son esprit, plus lucide et plus épuré, pourra

» s'adresser à des sujets plus élevés, et aux plus » élevés. »

C'est ainsi qu'en s'appuyant sur la chimie, on peut arriver à faire, sur la grande œuvre du Créateur, d'après les changements successifs qui se sont opérés dans l'état du globe, un traité scientifico-méthodique précis sur la succession naturelle des êtres; c'est-à-dire un tableau raisonné et achevé que la géologie ne cherche et ne peut établir que par les résultats incertains de l'observation.

C'est ainsi que, sans le secours de débris fossiles, pour ainsi dire introuvables, on pourra exactement assigner à quelle époque géologique correspond l'apparition de l'homme sur la terre.

C'est ainsi que l'on comprendra que le Paradis terrestre, — que la vie humaine séculaire, — avaient leur raison d'être par la composition du sol, qui depuis, s'est épuisé dans la succession des âges, — mais que le *travail* INTELLIGENT de l'homme a le pouvoir de reconstituer!

C'est ainsi que la production spontanée de la matière organique touche et conduira à la connaissance chimico-physiologique de la formation primitivement spontanée des embryons des êtres élémentaires, de l'ordre végétal, comme de l'ordre animal — qui se sont développés — puis propagés — sous l'influence constante et prolongée des grandes phases de ce que j'appelle la grandiose fermentation du globe !

C'est ainsi encore, — je le dis avec un mélange de respect, de conviction, d'admiration et de reconnaissance, — que je ne serais nullement étonné que la science arrivât à expliquer comment s'y prit le TOUT-PUISSANT, qui gouverne les mondes, pour former l'homme du limon de la terre, — du limon que nous pouvons connaître, que nous connaissons; — l'homme, noble type du Bien, de la Justice et de l'Intelligence! — lorsque, comme le sol, il n'a pas dégénéré. — Et comment de ce limon, déjà animé d'un rayon sublime, Il compléta son chef-d'œuvre terrestre en en tirant la femme, qu'Il fit, et qui est toujours, — lorsque de même elle n'a pas déchu, — un type de fidélité, d'amour, de bonté, de grâce, — quelquefois de sainte abnégation, — ornements brillants de notre terre qui lui forment une auréole de Beauté !

Nancy, mars 1868.

POST-SCRIPTUM.

Après la théorie, passons à la pratique.

Les plus beaux projets restent stériles, s'ils ne sont mis à exécution.

L'architecte peut faire seul le plan d'un édifice, mais il lui faut un concours pécuniaire et actif pour le réaliser.

Dans ce cas, on peut dire encore que le plan, c'est la théorie. Sans ce tracé étudié et mûri à l'avance, on n'arriverait à établir qu'une construction irrégulière, ne répondant pas sous tous les rapports au résultat cherché, et ne rappelant à l'œil et à la pensée aucun sentiment du beau.

C'est le plan qui fait qu'une maison champêtre ou qu'une habitation ouvrière, si modeste qu'elle soit, présente un aspect agréable et le confortable relatif qu'il est possible d'en espérer; tandis que sans ce guide et quelquefois avec plus de dépense, le maçon ignorant entasse au gré de son caprice les matériaux les uns sur les autres, et construit ces villages dont tant d'habitations sont, — malgré le charme poétisé de la vie champêtre, — non-seulement incommodes, avec beaucoup de place; mais encore malsaines, avec beaucoup d'air.

Et cependant, l'on peut dire que c'est au village

surtout qu'il est possible de donner à la résidence même la plus modeste un aspect qui ne laisse rien à envier au logement restreint de la ville.

Mais constatons et ne critiquons pas, car l'état actuel de l'agriculture ne permet généralement pas de faire mieux. Observons seulement que lorsque le sol pourra être rendu plus productif, on n'aura certainement plus d'effort à faire pour éviter l'émigration vers les grands centres, et les jeunes et intelligentes générations, en se plaisant et en se fixant à la campagne, y feront naître le sentiment de l'art sous toutes ses faces.

Je puis dire qu'il y a dans mes projets des édifices à élever : il faut donc un plan général auquel puissent correspondre les détails de l'ensemble. Ce plan, il se rattache lui-même à un plan plus vaste encore, qui m'a été suggéré par la solution du problème que j'ai posé dans l'avant-propos de ce travail spécial.

Un lambeau de méthode ne donnerait que des résultats incertains, exposés à être un jour ou l'autre modifiés ou recouverts par un autre lambeau.

En littérature, en peinture, en sculpture, en musique, pour reproduire le *beau* sous toutes les formes, il faut s'appuyer sur une connaissance générale et approfondie du sujet que l'on traite.

Ne doit-il pas en être de même — et à plus forte raison encore — pour reproduire le *bien* par la science, puisque surtout la science véritable dérive de lois certaines et immuables que Dieu a établies?

Les principes qui m'ont servi à établir ma méthode, je les dois à une exploration lente, minutieuse et raisonnée : ce sont les fruits du travail, et je n'aurais jamais voulu compter sur ce que l'on appelle le *hasard* pour m'en apporter de semblables.

Je désire maintenant les propager.

Pour débuter dans cette voie nouvelle, j'ai commencé, dès le 26 mars dernier, à communiquer des extraits de mon mémoire à quelques savants. Un concours actif et direct ne m'est pas encore venu de ce côté, — je n'en désespère pas, cependant, — mais j'ai seulement remarqué que, depuis, des idées conformes à celles dont j'avais fait part, sur les origines des maladies végétales et animales, ont été publiées. C'est pour moi toujours une sanction.

Si je me décide aujourd'hui à livrer mon travail à l'impression, c'est avec le désir de hâter la solution pratique, de donner l'initiative du mouvement nécessaire pour arriver à l'application.

En me faisant ainsi le pionnier d'un progrès matériel — et je puis sans crainte ajouter : moral — devenu si nécessaire, je ne veux pas supposer que personne s'embusque pour m'empêcher d'avancer.

Je fais donc appel à l'appui éclairé, efficace et nécessaire, des savants, des capitalistes, des philanthropes et de tous les travailleurs intelligents. L'union fait la force, et ce n'est qu'avec l'aide loyale de tous, que l'on peut arriver promptement à de vastes résultats.

Je recevrai donc avec intérêt et reconnaissance toutes les lettres que l'on voudra bien m'adresser, dans le but de m'apporter un concours sérieux pour la mise en pratique.

Après la théorie, nous aurons ainsi des faits, et pour ce qui me concerne, en tenant à revendiquer ma part dans l'honneur qui reviendra aux coopérateurs de la première application, je déclare ici que je ne veux la devoir qu'au succès !

FOURNEL,

Ingénieur civil,

A NANCY.

NANCY, le 1er juin 1868.

NANCY, IMPRIMERIE DE HINZELIN ET Cie.

www.ingramcontent.com/pod-product-compliance
Ingram Content Group UK Ltd.
Pitfield, Milton Keynes, MK11 3LW, UK
UKHW021021180726
13838UKWH00004B/1599

9 782329 418209